27/640

NOTICE

SUR

QUELQUES POINTS D'AMÉLIORATIONS

DE L'AGRICULTURE

DANS LA

PROVINCE DE FRANCHE-COMTÉ.

PAR M. GERRIER,

ANCIEN JURISCONSULTE, DOYEN DU CONSEIL DE PRÉFEC-
TURE DU JURA, MEMBRE DE LA SOCIÉTÉ D'AGRICULTURE
DE LONS-LE-SAUNIER, DE CELLE D'ÉMULATION DU JURA,
DES ACADÉMIES DE MACON ET DE STRASBOURG, ET DE
L'ATHÉNÉE DE PARIS.

Créant à l'art des champs de nouvelles ressources,
Tentez d'autres chemins, ouvrez-vous d'autres sources.
DELILLE.

LONS-LE-SAUNIER,

IMPRIMERIE DE GABRIEL COURBET.

1826.

NOTICE

SUR

QUELQUES POINTS D'AMÉLIORATIONS

DE L'AGRICULTURE

DANS LA

PROVINCE DE FRANCHE-COMTÉ.

Créant à l'art des champs de nouvelles ressources,
Tentez d'autres chemins, ouvrez-vous d'autres sources.
DELILLE.

LES questions qui intéressent les agronomes sont celles qui traitent de l'économie publique. La vraie richesse des nations consiste dans la prospérité de l'agriculture, de l'industrie et du commerce; et celles-là seules prospèrent qui les protègent, les encouragent et les honorent. Toutes les recherches qui peuvent y conduire sont d'un intérêt majeur. Une seule découverte importante, l'introduction d'une bonne méthode, l'application d'un bon système, procurent à l'ami de son pays des jouissances réelles; et ne fût-il parvenu qu'à la répression de quelques abus, et à mettre en pra-

tique quelques bonnes théories, il se trouve heureux du bien qu'il a pu faire.

Savoir utiliser de la manière la plus avanta-
geuse les propriétés rurales, est une science difficile. Des connoissances multipliées, un travail
assidu, l'étude de la nature et de ses merveilles,
sont également nécessaires pour obtenir quelques
succès. La distinction des diverses espèces de sols,
leur géonomie, leurs expositions, leurs genres de
culture, leurs produits, la force et la facilité de
leur consommation, deviennent indispensables à
connoître. Il faut aussi savoir disposer les terres
afin qu'elles puissent recevoir l'influence des saisons et de l'atmosphère, et y jeter des semences
qui puissent y fructifier. Les terres légères ne com-
portent point les mêmes traitements que les terres
fortes et compactes; celles qui sont humides ap-
pellent un autre régime que celles qui sont sèches.
Le choix des plantes dont les racines sont pivotantes ou traçantes, doit être fait avec discernement; toutes respirent, s'abreuvent, s'alimentent
diversement, ont une allure différente, et exigent
des notions particulières.

La France est essentiellement agricole : un climat heureux, un bon sol, une population active
et qui s'augmente chaque année, semblent pro-
mettre de grands succès à l'agronomie.

La Franche-Comté est une de ses provinces qui
peuvent y concourir le plus utilement. La varia_

tion de ses sites, l'élévation de ses montagnes et l'exposition de ses terres, la rendent susceptible d'être très-productive, et offrent, à l'homme des champs, des spéculations aussi utiles que prospères. Le grand nombre de coteaux et de vallons qu'elle renferme, présentent des variations sensibles dans la température ; les neiges y sont très-abondantes, surtout dans les arrondissements de Montbéliard, Pontarlier, Poligny et Saint-Claude ; elles défendent souvent les semences des rigueurs du froid qui éprouve dans toute la province, en général, des variations assez subites pour suspendre, même arrêter tout à coup la végétation. La chaleur y est aussi très-peu uniforme, et se porte souvent dans le même jour de dix à vingt degrés. Les remarques faites jusqu'à ce moment ont prouvé que le froid n'y descend au-dessous de zéro du thermomètre de Réaumur que de seize à vingt degrés, et que la chaleur ne s'élève pas au-delà de vingt à vingt-sept degrés.

Le spectacle de la nature est entièrement varié en Franche-Comté ; un grand nombre d'accidents en diversifient le tableau, et une foule de révolutions en ont altéré les formes primitives. Ici, des montagnes sourcilleuses s'élèvent avec majesté dans les nues, et sont couronnées de loin en loin par quelques forêts qui arrêtent l'effet des orages, et font descendre les pluies dans les plaines pour les fertiliser : là, on aperçoit des vallées profondes où le soleil concentre ses bienfaits, et qui offrent le contraste d'un printemps ravissant, avec l'hiver et ses glaces règnant sur les hauteurs. D'un côté sont des coteaux inclinés, la plupart couverts de vignes; de l'autre, sont de vastes plaines où l'on recueille différentes moissons. De belles rivières, telles que la Saône, le Doubs, la Loue, l'Ain et l'Ognon, contribuent à la fertilité de ses terres; elles établissent des communications bienfaisantes, et sont propres, dans tous les lieux qu'elles parcourent, à augmenter la valeur des produits, et à en faciliter le débit.

Cependant, des circonstances heureuses, les avantages du sol et des agents productifs n'ont pas encore fait naître des progrès sensibles dans l'agriculture de la province; les bonnes théories, les bonnes méthodes que quelques agronomes distingués ont publiées et cherché à propager, ne sont point suivies. C'est en vain que l'évidence de leurs maximes leur a procuré des bénéfices certains : la sûreté et l'exactitude de leurs procédés ne les ont pas encore fait prévaloir sur la force de l'habitude et l'empire des préjugés qui obscurcissent toujours les éléments de la plus belle des sciences. Des démonstrations et l'application de quelques pratiques dans certains genres de culture, éveilleront peut-être la sollicitude des propriétaires, opéreront un changement favorable dans l'aménagement de leurs terres, et leur procureront une augmentation de fortune qui en devenant la source de la prospérité de la province, contribuera partiellement à celle de l'État.

Une des propriétés les plus précieuses consiste dans les prairies. Elles coûtent peu de soins, peu d'entretien, et sont néanmoins d'une très-grande utilité. Il en existe un grand nombre dans notre province, mais il n'est point encore proportionné au degré de richesse territoriale auquel elle peut aspirer. Le mauvais état dans lequel on les laisse, la négligence des cultivateurs réduisent presque de moitié leurs produits annuels. La disette des fourrages ne fait qu'augmenter par suite de cet abandon; et le haut prix des foins dans les années 1825 et 1826 notamment, où il s'est porté au-delà de 5o fr. le millier (*), prouve la nécessité absolue dans laquelle nous nous trouvons d'améliorer nos prairies et d'en créer d'artificielles.

Pour conserver nos prairies, il est essentiel de les irriguer à propos, de les amender convenablement, de les dégager des plantes vénéneuses et parasites qui les infestent, et de les renouveler.

L'irrigation bien entendue et bien dirigée en

(*) Cet événement qui peut se renouveler, a désolé la province, privé les cultivateurs des moyens de nourrir leurs bestiaux, les a forcés à les vendre à vil prix, et a porté un préjudice notable à toutes les branches de l'agriculture ; témoin d'une partie de ces désastres, je me suis déterminé à rédiger quelques observations dans le dessein d'en éviter le retour.

double les revenus : l'aménagement des eaux et leur distribution forment une des parties principales de l'économie rurale. Savoir les divertir à propos, c'est-à-dire avant la floraison, les supprimer lorsque les terres ont pompé assez d'humidité pour ne plus redouter l'ardeur du soleil, établir à cet effet les dérivations, les canaux, les digues nécessaires est un travail précieux. Les prises d'eau doivent être calculées sur des pentes justes et bien proportionnées, afin d'éviter, d'un côté, que les terres ne soient trop lavées et entraînées, et de l'autre, que les eaux ne les détériorent en y croupissant. Les diverses prises d'eau ne peuvent s'opérer que conformément à la législation en vigueur qui, jusqu'à présent, ne présente rien de positif et laisse un vaste champ à l'arbitraire, soit sur les diverses attributions, soit sur l'application des principes: Dans l'ancien droit écrit qui nous régissoit, confirmé, après la conquête de la province, par les ordonnances de nos Rois, les fleuves et les rivières navigables étoient du domaine de l'Etat, et les autres des diverses directes. Tout étant positif, les concessions ne pouvoient émaner que du Prince ou des Seigneurs. Le code qui nous régit a bien déclaré que les rivières flotables étoient considérées comme une dépendance du domaine public; mais cette disposition paroît contraire à la loi de 1791, non abrogée, qui autorise, en vertu du droit commun, tout propriétaire riverain d'une rivière à y faire des prises d'eau. Nous avons fait observer dans un premier mémoire, les oppositions que présentoient cette législation, et les difficultés ardues qui naissoient sur le droit et la forme des établissements des digues et prises d'eau dans les rivières flotables, et sur le défaut de délégation de pouvoirs aux autorités locales. On conçoit en effet que, d'après les réglements existants, les plans, les constructions, et toutes espèces d'entreprises sur les fleuves ou rivières navigables, tendant à l'irrigation et à l'amélioration des terres, doivent être soumis au Gouvernement, et que les lenteurs qu'exigent l'instruction et l'examen des affaires, anéantissent tous bons projets, ruinent toutes les espérances, et ne permettent aucun bon succès. Sans doute, dans une matière d'un intérêt secondaire, il paroîtroit peut-être convenable que l'administration locale statuât sur l'avis des ingénieurs et des communes; appréciant le mérite des prétentions agitées, elle rendroit en connoissance de cause une justice prompte qui pourroit concilier le bien général avec le bien particulier.

Les mêmes difficultés s'offrent pour les prises d'eau sur des rivières non navigables, et ne sont pas moins difficiles à résoudre. L'article 644 du Code civil déclare que « celui dont la propriété » borde une eau courante, autre que celle qui » est déclarée dépendante du domaine public par

» l'article 538, peut s'en servir à son passage pour
» l'irrigation de ses propriétés. » L'article 655
porte : « S'il s'élève des contestations entre les pro-
» priétaires auxquels ces eaux peuvent être utiles,
» les tribunaux, en prononçant, doivent conci-
» lier l'intérêt de l'agriculture avec le respect
» dû à la propriété. »

Quelle est l'étendue du droit déféré par l'article
644 ? C'est ce qu'il est difficile d'expliquer, et ce
que le juge lui-même ne peut facilement pro-
noncer, une incertitude extraordinaire se présentant soit sur le droit, soit sur son interprétation.
Les eaux d'une rivière peuvent-elles être distraites
en entier par un particulier qui la borde, ou n'en
doit-il prendre qu'une partie ? Quelle est, dans
ce cas, la quotité qui doit lui être dévolue ? Le
texte de nos lois ne répond point à ces questions.
Dans l'incertitude, chacun s'attribue, au détriment de la chose publique et de ses voisins, des
priviléges, des prérogatives. Le propriétaire supé-
rieur établit des barrages absolus, s'arroge toutes
les eaux, en dispose, et ne les rend au propriétaire inférieur, celles seulement qu'il n'a pas
absorbées, que lorsqu'il lui plaît. Le résultat de
cet état de choses qui existe réellement, et con-
tre lequel, malgré toutes les réclamations possibles, aucunes bonnes mesures répressives ne sont
prises, est des plus funestes. Les communes et
leurs habitants sont privés d'eaux pour leur usage;

les propriétaires d'usines situées sur ces rivières, qui paient de fortes patentes à l'État et des impôts proportionnels à leur industrie supposée, voient tout - à - coup leurs usines férier, et ne peuvent faire accueillir leurs justes plaintes ; les moulins disséminés dans un plus ou moins grand espace sur ces mêmes rivières, se trouvent arrêtés ; les boulangers et les habitants qui ne peuvent se transporter qu'à grands frais sur les rivières flotables, éprouvent des besoins urgents qui peuvent amener une famine, agiter la population et troubler la tranquillité publique. S'adressera-t-on aux administrations ? elles craindront d'empiéter sur les attributions des tribunaux ; ceux-ci, saisis du litige, sont libres d'interpréter ; et l'auteur des barrages se retranchant sur la nature et l'espèce de droit que le Code lui accorde, incidente sans cesse, temporise, et finit, en obtenant quelques préparatoires, par tout entraver, et par aggraver le mal qu'il a causé. Ainsi l'industrie est paralysée, les besoins se font sentir, sont menaçants, et la justice se trouve suspendue. Il est donc très-important que le Législateur s'explique sur les cours d'eau, sur le droit public et privé, fixe les pouvoirs, et fasse cesser des incertitudes, des embarras, des doutes qui entraînent des malheurs réels, et peuvent compromettre l'existence et le repos de plusieurs contrées.

L'amendement des prairies est aussi nécessaire

que l'irrigation. Les engrais de toute espèce peuvent, selon les différentes localités, y être adaptés. Il faut que l'expérience les classe et les distribue selon les sols, leur qualité et leur exposition. Le choix n'en est point indifférent, chaque engrais ayant des propriétés spéciales. Ceux qui peuvent convenir aux terrains froids sont absolument impropres aux terrains secs et arides. Il en est de même pour toutes les autres natures de sols : ainsi, les prés humides, froids, et surtout ceux où les terres alumineuses et argileuses dominent, demandent, pour engrais, les plâtres, la chaux en poudre, les sables calcaires et siliceux, les cendres et les gyps, et en outre des canaux de dessèchement : ceux où les terres sont sèches, légères, craïeuses, siliceuses réclament les engrais suivans : les fumiers, les égoûts de fumiers, les boues et immondices des rues, les curages de fossés, les terres argileuses et végétales. L'épanchement salutaire de ces divers engrais rémédie à la dénudation des racines, opérée soit par les pluies, soit par les torrents, renouvelle les sols, active leur végétation, et double leurs produits. Le moment de leur transport doit être, autant que possible, avant l'hiver ou tout au moins au commencement du printemps, afin qu'ils puissent se fuser et se marier avec les terres, et leur procurer l'avantage que l'on en attend.

Il n'est pas moins urgent d'en extirper les

plantes vénéneuses et parasites. Il en existe une foule
dont l'effet délétère se fait sentir de plus en plus.
Aucunes précautions ne sont prises pour les détruire et pour garantir les bestiaux des poisons
qu'elles contiennent. Nous allons en signaler quelques-unes des plus connues: l'Ellébore blanc, *Vera-
trum album LIN* , se rencontre dans les prairies
des montagnes de la Franche-Comté , ses racines
donnent la mort et frappent principalement les
chevaux ; le Colchique automnal, *Colchicum au-
tumnale LIN*. , dont l'odeur est nauséabonde , et
qui a des graines et des racines qui portent avec
elles un venin très-subtil ; le Narcisse des poëtes ,
Narcissus poeticus LIN., que l'on trouve dans toutes
nos prairies , offre une plante émétique agissant
sur le système nerveux en détruisant la sensibilité;
la Pédiculaire des marais, *Pedicularis palustris L.*,
est surtout funeste aux moutons qu'elle rend gal-
leux. Toutes les espèces d'Euphorbes sont âcres ,
caustiques et corrosives , leur vice vénéneux ré-
side dans le suc laiteux qu'elles fournissent abondamment , et qui est d'autant plus énergique qu'il
est plus résineux et plus oxigéné ; les diverses
espèces de Scrofulaires , telles que la noueuse ,
l'aquatique, la canine sont toutes regardées comme
suspectes et dangereuses ; la Gratiole officinale ,
Gratiola officinalis L. , quoiqu'inodore , est amère,
désagréable , et procure la cardialgie et des vomis-
sements; la Jusquiame noire, *Hyosciamus niger L.*,

est un véritable poison narcotique dont l'odeur suffit pour occasionner la stupeur et le délire. Parmi les Renoncules, celles à feuille d'aconit, *Ranunculus aconitifolius L.*; la scélérate, *Ranunculus sceleratus L.*; l'acre, *Ranunculus acer L.*; la bulbeuse, *Ranunculus bulbosus L.*; à petites douves, *Ranunculus-Flammula L.*, sont nuisibles et dangereuses : si les plantes de cette famille sont remarquables par la beauté de leurs fleurs, elles ont, en opposition, des qualités corrosives et funestes. Parmi les plantes, comme parmi les hommes, des fofmes élégantes et d'agréables couleurs n'annoncent pas toujours d'une manière certaine des qualités bienfaisantes. Les renonculacées offrent une preuve de cette vérité : à côté de ces fleurs brillantes, délices de l'amateur, on trouve un poison subtil ; la même espèce qui flatte les yeux peut donc quelquefois causer la mort. Les ombellifères sont pour la plupart vénéneuses ; elles acquièrent avant la fanaison un degré de maturité qui les rend arides, sèches et impropres à la nutrition ; la dessication ne fait qu'ajouter à leur aridité ; elles occupent, par leurs racines et les touffes de leurs feuilles radicales, beaucoup de place, et absorbent des sucs nourriciers au détriment d'autres plantes propres à donner de bons fourrages.

D'autres végétaux portent, de même, préjudice à nos prairies. La Rhinanthe glabre, *Rhinanthus glaber L.*, et la velue ou hérissée, *Rhinanthus hirsutus L.*, ne laissent dans les foins que des tiges sèches, dures, effritent les terrains, et y portent des dommages considérables. Il en est de même des cyperracées : elles ont, par leur nature, beaucoup de rapport avec les graminées, et s'en distinguent toutefois par la gaine des feuilles qui est toujours entière ; le style, toujours unique, se divise en deux ou trois stygmates ; le fruit est un cariopse membraneux, rempli d'une graine dont la germination est semblable à celle des graminées, mais l'embryon est situé à la base et non au côté du périsperme qui n'est jamais entièrement farineux, ce qui en forme un signe distinctif. Toutes donnent le plus mauvais fourrage. Notre province offre au moins cent espèces de cette famille, connues sous les noms de Laiches ou *Carex ;* d'*Eriophorum* ou Linaigrette ; de Scirpes, *Scirpus ;* de Choins, *Schœnus ;* de Souchets, *Sonchus,* etc.; tous nos prés bas et humides en sont infestés. On conçoit que ces plantes, et une multitude d'autres que nous nous dispensons de désigner, disséminées dans nos prairies, doivent être détruites par le fer ou le feu ; que leur présence est alarmante, leur effet déplorable, et que les accidents graves qui en naissent, amènent des épizooties, la destruction des bestiaux, des pertes irréparables, et une diminution sensible dans les produits. Des mesures générales et particulières doivent donc être prises pour anéantir les germes de fléaux dont les causes sont bien connues, et dont les terribles conséquences doivent être soigneusement évitées. C'est aux diverses administrations et aux propriétaires zélés qu'il est donné d'introduire et de répandre des mesures capables de réparer et de prévenir des dangers évidents; en faisant un grand bien, ils jouiront de la récompense si douce d'avoir fait quelque chose d'utile pour l'humanité et pour l'agriculture.

Lorsque les prairies sont usées et vieilles, il ne convient pas moins de les renouveler en y jetant des semences appropriées au terrain. On parvient ainsi à les rendre susceptibles de meilleures productions, à augmenter leur rapport; on augmente aussi la valeur des bestiaux qui, mieux nourris, profitent davantage, sont susceptibles d'un meilleur travail, et donnent des engrais plus considérables.

Dans la famille des graminées, les plantes vivaces paroissent mériter la préférence. Nous ne ferons qu'en indiquer quelques-unes : l'Avoine élevée, *Avena elatior ;* l'Avoine bulbeuse, *Avena bulbosa ;* l'Ivroie vivace, *Lolium perenne*, Ray-grass des Anglais; le Fléau des prés, *Phleum pratense L.,* présente une belle végétation et est recherché des divers animaux ; La Flouve odorante, *Anthoxanthum odoratum L.,* s'accommode de tous les terrains et donne au foin une odeur fort agréable ;

sa tige s'élève de trois à quatre décimèttes. L'Épi de vent ou jouet des vents, *Agrostis spica ventis L.*, donne un foin délicieux pour les chevaux ; sa panicule est longue, ample , étalée, à glume lisse , portée sur des pédicules capillaires ; sa tige est de huit à dix décimètres. La Festuque élevée , *Fetuca elatior L.*, présente une panicule droite , rameuse , ses épis alongés et cylindriques sont presque sessiles.

Le Froment rampant, *Triticum repens L.*, convient à tous nos prés. La Luzerne lupiline , *Medicago lupulina L.*, pousse des tiges menues de trois à quatre décimètres de hauteur; ses folioles sont obtuses, denticulées; ses fleurs jaunes, petites; ses épis courts, serrés, hémisphériques ; ses siliques pubescentes , réniformes , noirâtres à leur maturité ; elle vient sur les sols secs et offre une bonne et facile récolte. La Luzerne cultivée , *Medicago sativa L.* ; le Sainfoin , *Hedysarum - Onobrychis L.*; le Trefle des prés, *Trifolium pratense L.*; le Trefle rampant, *Trifolium repens L.* ; le Trefle filiforme , *Trifolium filiformum L.*; la Vesce cultivée, *Lathyrus sativus L.*, sur lesquels nous nous expliquerons en traitant la matière des prés artificiels , contribuent également à renouveler nos prairies.

Ces diverses semences doivent être disséminées en automne ; on imitera en ce point la nature , car les plantes qui se propagent se trouvent semées

sur le sol lors de la maturité de leur graine (*). Il
sera nécessaire, après cette opération, de passer
sur les prés la herse ou Peigne-Machon pour ni-
veler les sols et les dégager de leurs mousses. On
isole aussi, par ce procédé, chaque pied de ses
drageons et rejets ; en les rajeunissant, on rétablit
leurs forces végétales et l'on assure le succès de
son opération.

L'irrigation bien ménagée des prairies, leurs
bons amendements, leur dégagement de plantes
mauvaises, leur renouvellement, sont autant de
moyens évidents d'en doubler les produits en amé-
liorant les qualités. Il n'est aucun propriétaire qui
ne puisse se livrer à ces soins ; la certitude des
bénéfices doit être un grand stimulant. Déjà des
agronomes célèbres ont donné des exemples frap-
pants ; puisse leur conduite couronnée de succès
être généralement imitée.

Ce n'est pas assez que d'accorder des soins à nos
prairies, il faut augmenter la masse de nos fourrages par l'établissement de prés artificiels dont
le besoin se fait sentir et dont l'utilité n'est pas
assez appréciée. Il n'est aucune récolte plus productive, qui puisse mieux s'approprier à toutes

---

(*) Quelques personnes ont la mauvaise habitude de jeter
sur leurs prés les graines de foin provenant de leurs fenils,
comme si, pour emblaver un champ, on semoit des criblures
de froment. Ce procédé est vicieux et irréfléchi : on perpétue
ainsi les mauvaises plantes.

les terres diverses de nos montagnes, de nos
coteaux, de nos plaines, et être plus facilement
variée selon leur essence, leur qualité et leur
exposition.

Ces prés fournissent aux animaux une nourriture
substantielle et convenable à leur constitution ;
ils disposent les terrains à recevoir des céréales
en y déposant des engrais météoriques, fécondent
les sols et donnent la certitude de magnifiques
récoltes et d'une abondance constante ; ils procurent la facilité de nourrir de nombreux bestiaux,
et assurent une vraie richesse à ceux qui les cul-
tivent. Notre province doit chercher à jouir des
bienfaits qu'ils promettent, et tout l'appelle à
leur création et à leur augmentation.

Nous allons faire la description rapide des diverses plantes qui les composent, et qui peuvent
être cultivées dans nos cantons où elles sont
acclimatées.

Nous plaçons en premier ordre la Luzerne cultivée, *Medicago sativa L* ; sa prompte végétation,
ses coupes fécondes, la qualité de son fourrage
propre à nourrir et engraisser les bestiaux, sa
longévité, le bien qu'elle procure aux terres lui
ont fait à juste titre accorder une préférence mar-
quée. Les anciens l'ont vantée à l'envi les uns
des autres ; les modernes les ont imités. Duhamel
publie l'immensité de ses produits ; Olivier De
Serre l'appelle la merveille du ménage ; et les

agronomes de nos jours ne tarissent pas sur son
éloge. Les terres qui lui conviennent sont celles
dont la couche végétale est capable de retenir les
principes fertilisants, présentant une certaine quantité d'humus et de profondeur, devant être de sa
nature perméable afin que les eaux puissent aller
arroser ses racines , et ne devant éprouver qu'une
température modérée. Les terres craïeuses , argileuses , trop humides ou trop fortes ne lui sont
point propres ; elle y languiroit et ne répondroit
point à l'espoir qu'elle donne ailleurs. Cultivée
en grand , elle donne trois coupes et dure vingt
ans ; ses produits , sur un bon sol, sont annuellement de quatre milliers par journal.

Le Sainfoin, *Hedysarum-Onobrychis L.* , est une
plante neuve, inconnue des anciens, et qui n'existe
en France que dès le seizième siècle. Elle n'a pas
moins de partisans que la luzerne ; tous exaltent
ses produits , ses qualités, ses propriétés, et en
parlent avec une espèce de vénération. Les montagnes , les côtes , les lieux élevés et découverts,
les terres marneuses , rocailleuses , craïeuses sont
celles où elle profite le plus sûrement : celles qui
sont marécageuses et laicheuses lui sont contraires;
ses racines pivotantes recueillent à une profondeur
considérable la nourriture et l'humidité qui les
font résister aux grandes chaleurs ; son fourrage
vaut mieux que celui de la luzerne , et quoiqu'il
soit moins abondant il lui est préféré ; elle ne

produit ordinairement que deux récoltes, mais toujours certaines et à l'abri des événements.

Le Tréfle des prés, *Trifolium pratense L.*, est une plante dont l'avantage est si démontré qu'il est étonnant qu'elle ne soit pas mise partout en valeur. Elle est précoce, a une poussée rapide qui dédommage le cultivateur de ses soins; elle ne craint point la gelée et donne jusqu'à trois et même quelques fois quatre récoltes par année. Lorsque le trefle est jeté dans des terres lourdes, humides, compactes, il les ameublit, les divise et les féconde : ses produits sont alors dans notre province de dix milliers de fourrage par arpent. On peut calculer, par ce résultat, combien il est précieux.

Ces trois espèces de plantes faisant la base principale des prés artificiels, nous nous permettrons quelques détails sur leur manière d'être semées, récoltées, et sur l'emploi de leurs produits.

Les terres destinées à les recevoir doivent être préparées par deux labours, nivelées et dégagées de toutes autres plantes étrangères et nuisibles. Leurs graines doivent être recueillies avec soin, conservées dans leur paille jusqu'au moment où elles sont jetées sur les sols. Des caractères particuliers doivent les distinguer : celles de la luzerne doivent présenter une couleur rembrunie; celles du sainfoin une couleur d'un gris tirant sur le bleu ou brun luisant, et avoir l'intérieur

d'un beau vert ; celles du trefle d'une couleur dorée.

Le temps pour semer doit être déterminé d'après les connoissances météorologiques locales. En semant en automne, lorsque les circonstances et le temps le permettent, on gagne une année; les plantes s'enracinent par les pluies, sont conservées par les neiges, et se développent au printemps. Lorsqu'on n'aura pu semer en automne, il faut saisir, pour le faire, les premiers jours de la belle saison. La semaille peut s'opérer isolément ou avec des céréales : ce dernier usage est suivi dans notre province, surtout quant au trefle.

Le temps propice de leur fauchaison paroît devoir être celui de leur floraison ; plutôt elles rapporteroient peu, plus tard les tiges acquérant de la dureté par leur desséchement, seroient difficiles à digérer : elle doit s'opérer par un temps sec, et il faut mettre la plus grande sévérité dans ses récoltes afin de les préserver des pluies qui les détériorent ou en affoiblissent la valeur. La luzerne exposée aux pluies devient jaune ; le trefle et le sainfoin prennent un goût de moisi, leurs feuilles détachées des tiges les réduisent presqu'à rien. Les mêmes procédés employés pour la récolte de nos foins leur conviennent. On doit les faucher le plus ras possible, afin d'activer la poussée des secondes herbes ; en n'usant pas de cette précaution, on brise les mamelons du collet des plantes, ce qui peut empêcher ou du moins retarder le développement des nouvelles tiges. Le placement de leurs récoltes doit être fait sur les greniers les plus aérés, à l'abri de l'humidité et les plus sains, afin d'éviter les dangers d'une fermentation subite.

L'emploi de leurs produits peut être fait, soit en vert, soit en sec. Leur pâturage est presque toujours nuisible ou dangereux. Plusieurs arrêts de règlement l'avoient prohibé. Des motifs graves les avoient dictés. Les plantes vertes et humides des prairies artificielles fermentent en effet très-promptement dans l'estomac des animaux, et leur causent des maladies sérieuses, désignées sous le titre de *Gonflement de la Panse*, que les Hippiatres ont reconnu composé de gaz hydrogène sulfuré, de gaz hydrogène carboné et de gaz acide carbonique, mêlés dans des proportions qu'ils indiquent, d'où ils concluent que les meilleurs remèdes dans ces maladies, sont : l'alkali volatil, la liqueur minérale d'Hofmann, l'éther sulfurique donnés avec des doses diverses, selon les différents cas, et quelquefois l'opération de la ponction.

Ce n'est pas qu'on ne puisse administrer aux bestiaux des luzernes, des sainfoins et des trefles en vert, mais il faut les couper dès la veille, les dégager des parties principales de l'humidité qu'elles contiennent, et les distribuer avec discernement et modération ; alors elles sont d'un bon effet, forment une nourriture succulente et ne procurent aucune indigestion.

La luzerne convient aux cantons de nos plaines où l'on rencontre des terres substantielles et légères où elle peut être conservée plusieurs années, où les cultivateurs présentent de l'intelligence, où les baux sont à longs termes, où les bestiaux sont plus nombreux, où les communications sont promptes et les consommations faciles. Ainsi les arrondissements de Dole, de Gray, de Baume, de Lure, de Vesoul et de Besançon dans lesquels on remarque de riches propriétaires exploitant en grand de vastes domaines, où coulent de belles rivières, paroissent devoir faire son apanage.

Le sainfoin qui prospère sur les côtes, les pentes, les montagnes, au milieu des craies et des graviers; qui réussit très-bien dans l'argilo-calcaire, beaucoup mieux que dans les bons sols; qui demande peu de soin et d'entretien, appartient au climat où les cultivateurs sont moins aisés, les débouchés moins communs, les fermages moins chers, et semble dévolu à tous les autres arrondissements de notre province.

Le trefle des prés, annuel, qui aime les terres froides et argileuses, dont les produits sont abondants, convient à toutes nos vallées, nos combes, nos plaines où les sols sont humides, difficiles à diviser, où les amodiations sont de courte durée, où l'atmosphère propice peut accélérer sa poussée , et assurer une récolte abondante.

Outre ces trois plantes principales , nous en indiquerons quelques autres qui , sans être aussi précieuses , n'en sont pas moins dignes de fixer l'attention.

Le Trefle incarnat , *Trifolium pratense , purpureum L.* , s'accoutume très-bien dans tous les terrains de nos montagnes , de nos côtes, de nos vallons : il peut être semé avec des orges et des avoines, et est très productif. Le Trefle jaune ou Minette dorée , *Trifolium pratense , luteum L.* , est au trefle des prés ce que le sainfoin est à la luzerne; il croît sur des terrains secs, arides, graveleux; ses tiges sont minces, mais abondantes, sa fauchaison facile et ses produits recherchés. La Fétuque rouge, *Festuca rubra L.* , est très-précoce, très-vivace, et conserve pendant l'hiver son vert. Anderson fait l'éloge de ce gramen dont les feuilles touffues , quoique rampantes, présentent souvent un mètre de longueur, et servent de nourriture à tous les bestiaux. Le Ray-grass des Anglais ou Ivroie vivace , *Lolium perenne L.* , s'acommode des terrains froids , humides et bas, et ne réussiroit point sur les côtes, dans les craies ou graviers : on le sème à raison de quinze kilog. par arpent; le temps le plus propre et que j'ai vu préférer, est le mois de juin , après les pluies que l'on éprouve à cette époque ; il s'élève rapidement et rend la surface de la terre entièrement verte en peu de temps, ses racines s'enfoncent dans le sol et se croisent en plusieurs sens ; il dure dix ans, mais n'est en pleine vigueur qu'à la seconde année : pour en obtenir annuellement deux ou trois récoltes, les amendements lui deviennent nécessaires, surtout les irrigations.

Le Mélilot, *Melilotus L.*, a une odeur fort agréable et aromatique, est d'une poussée prompte, abon- dante, et forme une bonne nourriture ; il veut être semé dans les terres légères et un peu hu- mides : cultivé seul, ses tiges longues et ram- pantes sont difficiles à faucher ; si on le laisse fleurir, il devient ligneux ; si on en laisse mûrir la graine, il s'appauvrit et n'existe pas long-temps. Il devient d'un bon et sûr rapport semé avec la vesce de Sibérie. Leur culture se fait aux mêmes saisons, soit en automne, soit au printemps, ce qui en facilite l'assemblage ; leurs plantes ont des qualités qui déterminent leur union ; leur poussée, leur floraison et leur maturité ayant lieu à la même époque, les racines pivotantes de la pre- mière, et traçantes de la seconde, ne se nuisent point et se prêtent un mutuel secours : les plantes grimpantes veulent être appuyées, et leurs vrilles ne peuvent s'élever sans soutiens, autrement elles rampent et ne produisent que de petites gousses à leurs extrémités, renfermant peu de graines et de moindre qualité ; le mélilot donne une nour-

riture substantielle , solide , échauffante , qui est
modifiée par le fourrage tendre et aqueux de la
vesce. Ce mélange est heureux et justifié par plusieurs de nos expériences. Le Fromental , avoine
élevée , *Avena elatior L.*, croît partout, mais se
plaît principalement sur les terrains pierreux ,
rocailleux et maigres , et a besoin d'un peu d'humidité ; sa poussée est lente , et il n'est, comme
le Ray-grass , en plein rapport que la seconde
année ; ses coupes réservées et attendues sont
fortes, se reproduisent jusqu'à trois fois par an ,
et offrent, récoltées à la floraison, un bon fourrage.

Les avoines, les orges, les seigles sont , de
même , des gramens précieux pour former des
prairies artificielles ; les anciens nous en ont laissé
l'assurance , et leurs méthodes ne peuvent trop
se propager. Semés en automne , ils peuvent être
pâturés sans dommage jusqu'en avril, et la récolte
des céréales n'en est pas moins belle ; dans le
cas contraire, on peut les faucher deux fois et
en enfouir les dernières herbes pour engrais : tout
est donc avantage. Nous possédons deux variétés
de seigle , celui d'hiver et celui de St.-Jean qui
se ressemblent parfaitement, à la différence près
que celui-ci a le grain un peu plus petit ; mais
en compensation sa tige s'élève plus haut : leur
fourrage, coupé avant la sortie de l'épi, est également bon , également recherché , également
nourrissant.

Je ne parle point du Maïs, *Zea-Mays L.*, qui, coupé en vert, forme pour les bœufs et les vaches l'aliment le plus agréable et le plus délicat. Lorsqu'il est cultivé pour son grain, le panicule mâle que l'on coupe, après la fécondation, et les épis qu'on supprime pour procurer aux autres de l'accroissement, sont dévorés par les bêtes à cornes avec une avidité qui seroit surprenante si elle ne se renouveloit chaque année. Le maïs fané est dans les hivers rigoureux une ressource utile pour la nourriture des vaches. Les éloges publiés dans le journal de l'agriculture de la Seine, et ceux renouvelés par les illustres agronomes de la France sur les propriétés bienfaisantes du maïs, ne laissent rien à désirer.

Tous les gramens que nous venons de désigner sont indigènes, et peuvent etre disséminés sur les divers sols de notre province, d'après la nature de ceux qui leur conviennent le mieux, former d'excellents prés artificiels et faire ainsi prospérer nos diverses propriétés. L'essentiel est d'en faire un choix bien entendu, de les semer à propos afin d'en recueillir tous les bénéfices.

Nous terminerons cet article par l'énoncé de quelques plantes légumineuses qui peuvent concourir au but que nous désirons atteindre. La vesce cultivée, *Vicia sativa L.*, si honorée par les Romains, cultivée par eux avec tant d'empressement, vient très-bien sur les terres marneuses et

sablonneuses, mais un peu grasses et légèrement
amendées. Sa végétation est très-hâtive ; semée en
automne , elle peut être coupée dès les premiers
jours du printemps, et donner encore deux coupes.

Il existe plusieurs variétés de vesces : celle
d'hiver dont nous venons de nous entretenir, celle
à une fleur qui résiste de même aux gelées et
donne un fourrage fin , celle de printemps , et
enfin celle de mai ; en sorte qu'à toutes les époques on peut la semer, la cultiver et la récolter.

Le Lupin, *Lupinus albus L.*, aussi privilégié
par les anciens, aime les mêmes terrains que les
vesces ; ceux trop forts, trop argileux ne lui
plaisent point. Il croît promptement : ses rameaux
sont si touffus qu'ils détruisent toutes autres plantes
par leur ombrage ; ils soutirent de l'atmosphère
tout l'engrais qui leur est nécessaire, et fécondent
même les sols , de manière que la production devient en quelque sorte l'origine de la production :
admirable effet de la nature qui doit nous péné-
trer de plus en plus d'amour et de respect pour
le Très-Haut dont la puissance est infinie. Le
lupin croît jusqu'à deux pieds de hauteur , peut
être coupé comme la vesce , et servir comme elle
de bonne nourriture.

La Gesse cultivée , *Lathyrus sativus L.*, est du
genre des vesces et des lupins , et peut se reproduire sur les terres sèches et rocailleuses.

La Gesse à feuille variable, *Lathyrus hetero-*

philus L., doit trouver ici une place distinguée. On la rencontre souvent isolément dans les arrondissements de Saint-Claude, de Pontarlier et de Montbéliard. Elle croît sur les sols les plus ingrats, les plus pierreux ; et peut, sous cet aspect, rendre productif le grand nombre de terres de cette espèce qui existent dans nos montagnes : semée en septembre, et espacée de telle sorte que ses plantes puissent, sans se gêner, pousser et croître, elle est en pleine fleur en août de la deuxième année; plusieurs tiges partant du collet de chaque racine, forment de grosses touffes dont le développement étale une vigoureuse végétation : cette gesse, qui procure un excellent fourrage, méritoit une honorable mention, étant très-vivace et très-précieuse.

Les plantes fourragères, telles que le Navet, *Brassica-Napus L.*; la Bette-Rave, *Beta crassa L.*; la Pomme - de - terre, *Solanum tuberosum L.*; le Choux cavalier, *Brassica oleracea L.*, *Acephala* de Décandole, peuvent aussi être utilisées et employées avec succès ; leur produit est immense, et les propriétaires qui se livrent à leur culture le reconnoissent chaque jour, ce qui doit en déterminer l'usage (*).

(*) Nous aurions pu nous livrer à de plus longs détails sur cette matière ; nous avons pensé que la Notice que nous publions ne les comportoit pas, et nous laissons à d'autres Géoponiques le soin d'un travail plus grand.

La variété des aliments convient aux animaux ; et leur choix, en santé comme en maladie, ne peut que leur être très-favorable.

Les prairies sont considérées comme les meilleurs de nos héritages. Les prairies artificielles valent encore mieux : l'expérience a établi que le trefle et la luzerne rapportoient le double de fourrage, et le sainfoin le tiers de plus. Il en est de même de toutes les autres plantes destinées à la formation des diverses prairies de ce genre. Les champs ensemensés de Bettes-Raves, de Rutabaga, de Pommes-de-terre et de choux, donnent un revenu plus considérable que les céréales. Combien n'existe-t-il pas de motifs graves et puissants pour créer des prairies artificielles dans notre province où les besoins les plus urgents les nécessitent ? La certitude des bénéfices, celle d'utiliser des terres souvent de peu de valeur, celle de faire cesser la disette menaçante des fourrages, d'en faire baisser les prix excessifs, celle enfin de pouvoir nourrir de nombreux bestiaux, d'avoir beaucoup d'engrais, de pouvoir mieux amender les terres et de doubler leurs produits. Comment résister à l'évidence ! comment ne pas céder à son empire ! et comment se refuser à des avantages démontrés !

Le premier de ces avantages sera de conserver nos bestiaux, nos troupeaux, et de pouvoir en augmenter le nombre, en sorte que le commerce et

l'industrie en tirent un parti brillant. La Franche-
Comté étoit réputée pour ses bons chevaux que
l'artillerie de France savoit apprécier, et que les
étrangers recherchoient. Pourquoi ne tenterions-
nous pas de reconquérir notre ancienne renommée?
Des sites variés, des eaux parfaites, une bonne
température et l'abondance des fourrages que nous
pouvons nous procurer si facilement, jointe à leur
bonne qualité, nous placent dans cette position.
Nos bœufs et nos vaches présentent une dissimili-
tude frappante. Quelques cantons de nos montagnes et d'autres bordant la Bourgogne, en pos-
sèdent d'assez belles espèces, mais tout le vignoble
et une grande partie de nos plaines n'en ont que
d'inférieures et s'en trouvent souvent dépourvus, la
rareté des foins les forçant de les aliéner. Lorsque la
Suisse, l'Alsace et la Bourgogne sont riches en qualité, pourquoi n'espérerions-nous pas, avec les mêmes moyens et les mêmes facilités, pouvoir changer
et augmenter les nôtres ? Nos troupeaux de moutons pourroient aussi être améliorés et avoir d'autres caractères avec l'augmentation de fourrages.
Un des premiers et des plus sûrs moyens d'arriver
à ces améliorations, est de croiser les races. Les
espèces s'abâtardissent et veulent être renouvelées.
On n'obtient de grands résultats qu'en se procurant
les sujets les plus propres à la génération; on per-
fectionnera alors les races, la nature prend un
nouvel essor, une forme meilleure, et produit ce

qu'il y a de plus parfait. Nous n'avons point de
bons haras , et nous sommes , comme la plupart
des autres provinces, tributaires de l'étranger. Les
étalons qui nous sont fournis n'offrent pas les espèces et les proportions qui nous conviennent ,
ils sont d'ailleurs en trop petit nombre et ne ré-
pondent point à notre attente. Il n'existe aucun
taureau , aucun bélier qui soient placés et distribués par le gouvernement , par les départements
ou les communes. L'on conçoit cependant de quelle
gravité serait une mesure aussi importante, et combien elle entraîneroit d'heureuses conséquences.

Il faut du moins stimuler l'encouragement et
flatter l'intérêt et l'amour propre , ces deux grands
moteurs de l'homme. Des primes accordées aux
possesseurs des plus beaux étalons, des meilleures
juments, des plus belles vaches, des plus beaux
béliers et des plus belles brebis, distribués avec
solennité au milieu d'une fête publique, produi-
roient des effets bienfaisants, établiroient une noble
émulation , et donneroient à l'industrie un nou-
veau mouvement , une activité générale. Déjà
les administrations ont fait quelques sacrifices à
cet égard, mais trop minutieux ; et les foibles
primes qu'elles accordent et qui ne consistent
que dans des sommes pécuniaires, mauvais mode
de récompense, ne sont point distribuées les jours
de fête ou avec pompe, ce qui en doubleroit le
prix et le rendroit plus cher. Il est peu de dé-

3

penses dont l'utilité puisse être plus grande puis-
qu'elles auroient pour fin les progrès de l'agriculture , les bénéfices des propriétaires et de leurs
spéculations bien entendues.

L'âge requis pour la monte et le nombre de fe-
melles à donner à chaque espèce d'étalon, doivent
être fixés et rigoureusement observés pour réussir.
Ainsi l'étalon doit avoir cinq ans, le taureau trois
ans, le bélier, le bouc et le verrat deux ans ; les juments quatre ans, les vaches trois ans, les brebis,
les chèvres et les truies deux ans. Un étalon ne doit
avoir que vingt juments , un taureau trente vaches,
un bélier quinze brebis , un verrat six truies , et
un bouc trente chèvres. En devançant ces âges
et en outrepassant ces quotités , on fait un mal
réel ; d'un côté , en n'attendant point que la force
des sujets soit à son apogée, et de l'autre , en les
épuisant : l'on perd par la précipitation et un faux
lucre , l'espoir d'avoir de belles et fortes espèces.
L'Allemagne et ses cercles nous offrent sur cet
objet de bons règlements , de bons exemples, de
bons succès dignes d'imitation.

L'établissement des prairies artificielles réduira
le nombre des terres arables , ce qui opérera un
double bien. En effet, l'abondance et le superflu
des blés dans notre province en ont fait descendre
le prix au-dessous de quatre francs le boisseau.
Cette dépréciation n'existera plus lorsque les céréales y seront en moindre quantité. Les champs

destinés à en recevoir les semences pourront être cultivés beaucoup mieux qu'ils ne l'étoient, la force du bétail étant augmentée, de même que la masse des engrais.

C'est principalement dans nos hautes montagnes, où l'agriculture n'est point susceptible de plus grands progrès, que les prairies artificielles présenteront un grand avantage et pourront y faire cesser les jachères qui sont la ruine des propriétaires. Elles règnent dans toute la province et sont temporaires ou pleines, et se prolongent souvent plusieurs années. Sous le prétexte de laisser les terres en repos, on se prive de la moitié de ses revenus, on rarifie les denrées dont le prix augmente, on altère ses ressources, et, par une habitude fatale et désastreuse, on abandonne sans culture des héritages d'un bon rapport. Des maux infinis découlent de ce désordre : les familles s'appauvrissent au lieu de prospérer; les fermiers ne peuvent payer leurs fermages, et, en accumulant leurs dettes, finissent par se ruiner ; l'industrie reste paralysée et la richesse territoriale anéantie. Ce seroit une véritable conquête que de détruire les jachères ; il ne faut pour y parvenir que du courage, et imiter les beaux modèles qui nous sont donnés. L'exemple du Norfolck chez les Anglais, nos maîtres en agriculture, est digne d'être cité pour encouragement. Cette contrée couverte de bruyères, ne produisant que quelques seigles et avoines après un long repos , ne pouvant nourrir presqu'aucun bétail , est devenue en peu d'années riche en tous genres. L'établissement de prés artificiels en a été le principe ; une culture alterne , des engrais bien ménagés en ont changé la face , et ont contribué autant à la fortune qu'à la réputation des agronomes qui sont parvenus à de si heureux résultats. Notre province offre , dans les trois départements qui la composent , des propriétaires distingués à la tête de grandes cultures , qui sont également parvenus à rendre productifs de mauvais sols , à opérer un changement complet dans la masse et la qualité des produits de leurs terres, et qui surtout se sont appliqués à supprimer les jachères. Ils marchent à grands pas à la fortune , entourés de la considération publique. On peut donc tirer un grand parti des terres les plus médiocres , les rendre susceptibles de meilleurs rapports : une rotation de semences bien ménagée , des amendements variés avec intelligence conduiront à ce résultat et à la suppression des jachères.

L'habitude de nos montagnes est de semer au printemps des orges, des mêlées ou de l'avoine, de laisser ensuite les terres en repos , puis d'y jeter quelques plantes légumineuses ou quelques pommes-de-terre. Après cette opération, on brûle les mottes supérieures et on en répand les cendres sur les fonds auxquels on fait éprouver de longues jachères. Ce mode de procéder doit changer; l'écobuage doit être supprimé comme enlevant les principes fécondants des terres. Il ne peut convenir que sur les terrains marécageux, couverts de laiches ou de plantes vénéneuses : il est alors bien entendu, purifie le sol, et les cendres distribuées sur les terres retournées, y déposent un engrais très-approprié, et provoquent des semences susceptibles de rapport. Avec les prairies artificielles, seulement annuelles ou bisannuelles, et en enfouissant les dernières récoltes pour engrais, nos montagnards pourront facilement semer des blés d'automne, et faire alterner leurs héritages par le lin, les avoines, les orges, les pois, les vesces, les lentilles, les choux, les navets, espèces diverses de productions qu'ils peuvent facilement se procurer en en variant les semences. Leur assolement au lieu d'être de deux années, peut ainsi être porté à trois ou quatre années. La présence d'engrais plus considérables leur en facilitera tous les moyens.

Pouvant nourrir un plus grand nombre de vaches, ils pourront augmenter leurs fruitières et améliorer la qualité de leurs fromages. Les fruitières sont des établissements importants pour notre province, et une de ses branches principales de revenus et d'industrie ; il convient donc de les conserver et de les améliorer, et l'on doit tout faire pour les encourager. Souvent il naît des différends entre les intéressés et les actionnaires d'une fruitière, liés par des contrats et des associations dont les textes et les clauses sont ambigus et donnent lieu à des discussions et interprétations. Des règlements d'administration publique, où les droits respectifs des communes et de leurs habitants seroient analysés, protégés, maintenus dans leur intégrité, où les formes, les méthodes, les usages seroient bien établis et expliqués clairement, feroient cesser toutes agitations, toutes divisions, tout ferment, aplaniroient les difficultés et ramèneroient la concorde. C'est de la sollicitude paternelle des Magistrats que l'on peut attendre des statuts de cette espèce basés sur l'intérêt commun, la justice et l'équité, vrais principes pour en consolider l'exécution et en assurer la durée.

Dans les régions moyennes de la province, on voit souvent des assolements triennaux composés la première année de céréales, la seconde de maïs, navettes ou pommes-de-terre, et la troisième de jachères. Dans certains cantons, les blés ou orges ont lieu une première année, le maïs ou quelques plantes légumineuses la seconde année, avec ce même retour périodique, en sorte que les propriétaires s'aperçoivent d'une diminution successive dans leurs revenus, sans en deviner la cause qui est néanmoins sensible. Les terres s'appauvrissent effectivement par des productions mul-

tipliées de céréales : leurs racines traçantes et les
plantes parasites qui croissent avec elles ne permettent plus de réparer leurs pertes, et les privent
des amendements météoriques qui leur sont indispensables. Les couches supérieures sont épui-
sées et ne fournissent plus de sucs à la végétation;
il faut donc en diviser les molécules en variant les
semences que l'on y jette, et en les faisant alterner, sûr moyen de jouir d'une fécondité soutenue.
Toutes les plantes légumineuses et oléagineuses
sont améliorantes et doivent précéder les céréales
qui, dans cette hypothèse, semées avec des graines
choisies et bien préparées, viennent très-belles,
et donnent des récoltes abondantes. L'épuisement
des terres se répare par les engrais ; en sorte que,
soit ceux provenant de l'enfouissement de la der-
nière récolte des prairies artificielles, temporaires,
soit ceux provenant des divers bestiaux, tous
peuvent également concourir à leur bonification.
L'assolement quatriennal peut très-bien être pra-
tiqué dans cette partie de la contrée où tous les
genres de céréales et de prairies, où les plantes
fourragères-oléagineuses, telles que les navettes,
les pavots, les colzas et toutes les légumineuses
peuvent successivement servir à sa formation. On
ne fixe point la priorité ni l'ordre dans lequel ces
diverses plantes doivent composer cet assolement :
ils doivent dépendre de la nature et de l'exposition des sols, de l'étendue des cultures, des meil-

leurs rapports et doivent être laissés au choix des cultivateurs ; l'essentiel est de bannir un système unique de culture n'offrant que des chances défavorables, et de le remplacer par la variation des diverses semences, en se rappelant néanmoins que parmi les céréales, les blés épuisent plus les terres que les seigles , ceux-ci plus que les orges, et les orges plus que les avoines, ce qui doit servir de règle pour la distribution des engrais ; un second principe également à suivre , est de faire succéder à des graminées qui tirent leurs sucs nutritifs des premières couches de la terre , des plantes qui vont par leurs pivots chercher des aliments dans les couches inférieures.

La partie de la plaine de notre province est la plus belle, la plus brillante et la plus productive : c'est là seulement qu'il existe de longs fermages , de longues cultures , et quelques exploitations en grand ; c'est là conséquemment que notre agriculture peut obtenir son plus beau triomphe. Les prairies artificielles durables , surtout la luzerne , peuvent facilement s'y établir. Le propriétaire en se procurant ainsi une masse de fourrages , pourra alterner ses cultures , ses produits , et se préparer de grandes jouissances dans des rapports multipliés et variés. Toutes les graminées , toutes les plantes légumineuses et oléagineuses , et enfin toutes les céréales peuvent utilement se répandre dans nos plaines et nos finages , et y prospérer ,

pourvu que les sols soient bien préparés et amen-
dés à temps opportun (*). C'est dans cette contrée
que les nouveaux instruments aratoires, si utiles,
si économiques, peuvent être mis en usage et
abréger singulièrement les travaux. Ainsi, les
diverses charrues dont les plans sont publiés et
approuvés, l'Extirpateur, le Sillonneur, la Houe-
à-cheval, le Peigne-Machon, dont les prix sont
devenus très - modérés, peuvent y être facilement
utilisés. Les assolements peuvent être également
variés à l'infini et se reproduire sous plusieurs
formes utiles. Nous n'entrerons point dans le dé-
tail que chacun d'eux peut présenter, leurs diverses
rotations étant laissées à la sagesse et à l'expérience des propriétaires dont plusieurs, à la tête
de grandes exploitations, présentent des modèles
parfaits.

Pour faciliter les spéculations agricoles, il im-
porte de prolonger la durée des baux, de réduire

_____

(*) Plusieurs propriétaires ont cru remarquer que les céréales
ne produisoient point abondamment sur les défrichements de
prairies artificielles à long temps, ce qui a pu leur faire fausse-
ment penser que ces prairies ne méritoient pas la réputation de
fécondité qu'on leur accordoit. Il est très-vrai que l'abondance
des parties nutritives qui existent sur un défrichement de prairies de cette espèce, semble appeler en premier ordre une se-
mence de maïs ou de pommes-de-terre : les céréales, la première
année, présentent un luxe superflu de tiges au détriment de la
graine, tandis que la seconde année elles offrent une magni-
fique récolte.

à des droits simples les droits d'échange, et de supprimer le vain parcours. Nul système d'agriculture ne peut, comme nous l'avons exprimé dans un premier ouvrage, s'établir sans la destruction de ce vain parcours. Il est opposé à toute bonne législation, forme obstacle à l'exercice du droit sacré de propriété, et a les effets les plus funestes. Avec son existence, les haies et les clôtures deviennent la proie d'un bétail avide ; les plantations, si nécessaires à la salubrité, et qui réunissent l'utile et l'agréable, disparoissent sous sa dent meurtrière. Il empêche le perfectionnement des races, et amène, par des communications constantes et trop rapprochées, des épizooties, fléau destructeur qni ravage les campagnes et détruit les ressources du propriétaire. La stagnation dans les cultures en amène dans les produits ; les relations de commune à commune, de contrée à contrée sont rompues, les entreprises suspendues, le commerce et l'industrie languissent, la fortune particulière compromise ne permet plus l'acquittement des charges publiques, l'harmonie des familles est ainsi altérée, ce qui nuit généralement à tous les intérêts.

Il n'est pas moins nécessaire pour arriver aux progrès que nous désirons, de supprimer le glanage, le grapillage, le chaumage, le maraudage, et d'empêcher toute incursion quelconque sur les propriétés ; la législation la plus influente doit

remplacer celle qui existe, suppléer celle qui
nous manque, et être fortement répressive. Ce
n'est qu'en punissant par des peines proportionnées aux différents délits, que l'on parviendra à
faire cesser tout pillage, tous vols, toutés tenta-
tives sur la chose d'autrui, à imprimer dans les
esprits un respect profond pour les propriétés,
et à faire cesser les atteintes renouvelées et presque constantes qui leur sont portées. Le Gouvernement, dans sa sollicitude, s'est déjà occupé de
la préparation d'un Code rural, de l'organisation
de lois capables de satisfaire aux vœux publics.
Les projets qui intéressent un grand État ne peuvent être mûris trop long-temps, médités avec
trop de prudence. Concilier par des règlements
généraux et uniformes tous les droits divers des
provinces, est une chose difficile. Ce n'est donc
qu'à vue des avis des Cours, des grandes administrations, des jurisconsultes recommandables et
après une discussion solennelle, que l'on pourra
parvenir à fonder de bonnes lois sur la matière.

Un travail attendu avec un vif empressement,
ne peut être que parfait lorsqu'il sera l'émana-
tion de la sagesse et l'expression de l'assentiment
public et de la volonté générale.

De ce nouvel ordre de choses naîtra la liberté
pleine et entière qui sera laissée aux propriétaires
de régler à leur gré leurs semences, leurs cultures,
leurs récoltes. Les uns veulent couper ou faire

consommer en vert les produits de leurs terres ;
d'autres désirent les enlever à la floraison , ou
lorsque la maturité est imparfaite ; ceux-ci pensent
au contraire que les graines les plus mûres sont
les meilleures ; ceux-là enfin estiment qu'ils doivent enfouir en forme d'engrais l'espoir de quelques champs , ou de quelques prairies, présumant
qu'un sacrifice léger sera amplement payé. On
conçoit que les conbinaisons variées des agronomes doivent avoir un libre cours et être affran-
chies d'entraves ; qu'éclairés par de justes compa-
raisons sur ce qui les touche de plus près , ils ne
pourroient former et exécuter aucun bon projet
s'ils étoient arrêtés au milieu de leurs spéculations.

La même faculté laissée aux propriétés closes
doit s'étendre sur celles qui ne le sont pas , et la
latitude la plus grande doit leur être accordée.
Telle est cependant l'incertitude du droit sur ce
point, que plusieurs administrations locales croient
pouvoir fixer l'époque des fenaisons et des moissons, et que certains tribunaux respectant leurs
décisions , condamnent les prétendus réfractaires.
Cet abus ne peut être toléré : ces vexations non
autorisées doivent cesser, et les inquiétudes des
propriétaires doivent être calmées.

Le moyen le plus sûr de donner enfin un grand
essor à l'agriculture , est de rétablir l'autorité paternelle sur des bases justes et appropriées à notre
monarchie. Elle doit être dans la famille ce que

notre gouvernement est pour nous ; maintenir par les mœurs l'ordre domestique , et , en faisant le bonheur des enfants, faire celui de l'État. La magistrature paternelle est indépendante de toutes conventions et essentiellement sacrée. L'enfance a besoin de protection ; et la puberté de conseils sages pour éviter les écueils qui l'entourent et diriger sa raison. Cette situation doit être prolongée : il faut un long temps pour que le fils de famille connoisse les devoirs qu'il a à remplir dans la société, ceux qui lui sont imposés envers l'auteur de ses jours, et pour acquérir les notions nécessaires à l'administration de sa fortune. La France fut heureuse sous ses rois pendant des siècles, tant que la puissance des pères fut respectée. Ce fut son mépris qui amena les abus de la révolution, dont nous avons eu tant à gémir. Oubliant les dangers dont une main ferme la garantissoit, une jeunesse licencieuse s'abandonna au délire de son imagination, à tous ses prestiges, crut pouvoir s'affranchir de tous ses devoirs, et avoir assez de lumières pour se conduire. La piété filiale ne fut plus pour elle qu'un vain nom ; ce sentiment cher, cette loi que la nature a gravée dans tous les cœurs ne fut plus entendue , et elle n'aspira plus qu'à secouer un joug qui lui paroissoit insupportable. Bientôt ses vœux furent secondés : une loi du 28 mars 1792, abolit la puissance paternelle , et une autre du 20 septembre suivant, fixa la majorité à vingt-un ans. Le code civil est venu confirmer de telles dispositions, et a réglé l'émancipation des filles à quinze ans et celle des mâles à dix-huit ans ; il a même permis des mariages de l'un et de l'autre sexe avant ces époques restreintes, en enlevant, dans tous les cas, aux pères tout usufruit légal, toute administration. Dégagés de tous freins, libres de leurs pensées et de leurs actions, l'on vit de jeunes imprudents s'engager dans les liens les plus solennels, sans en connoître les obligations, se livrer à toute l'effervescence de leurs passions, et aliéner en peu de temps une fortune que des siècles avoient à peine suffi à leurs auteurs pour acquérir ; et en se ruinant par des dépravations scandaleuses, précipiter dans les larmes et le désespoir leurs femmes et leurs enfants. S'il est des exceptions, si de bons principes ont germé quelquefois de bonne heure dans l'ame élevée de certains fils de famille, et les ont rendus dignes des bienfaits paternels, ils sont rares, et l'expérience a prouvé que la plupart des pères qui ont eu la foiblesse de se livrer à des concessions prématurées, n'en ont obtenu qu'ingratitude, qu'oubli et abandon total. Un système désorganisateur fit disparoître les mœurs si nécessaires à la prospérité des bons gouvernements, et qui, unies à la religion, en sont les plus fermes appuis. Lorsque notre belle patrie est rendue, après de grands orages, à la paix et au calme, et a passé d'une république vicieuse et insolite à son antique monarchie (*), lorsqu'elle ne soupire qu'à conserver ce que le ciel lui a accordé en rétablissant nos princes sur le trône de leurs ancêtres, ne seroit-il pas d'une grande importance de mettre en harmonie avec un tel gouvernement, les droits de la puissance paternelle, en perpétuant avec cette sainte autorité qui est l'image de celle de l'Éternel, ces vertus patriarchales qui firent la félicité des familles, donnèrent des sujets fidèles, et des défenseurs zélés à l'État. (**)

C'est surtout en prolongeant l'administration des biens entre les mains des pères, en rétablissant la majorité au terme où elle étoit, en ne morcelant point les fortunes, et en respectant le droit de disposer de son patrimoine, que l'on y parviendra plus sûrement. Le respect dû à la propriété est un dogme politique consacré par tous les peuples, et le corps social repose sur ces bases fondamentales. Le droit de disposer est inhérent à la propriété; l'on veut jouir en paix de ce que l'on possède, et en disposer sans dé-

---

(*) Les républiques conviennent à de petits États, les monarchies à de grands États; le gouvernement monarchique paroit meilleur, et la France en jouit.

(**) Les règnes de Charlemagne, de Philippe-Auguste, de Saint Louis, d'Henri IV, de Louis XII et de ses successeurs, ont laissé de longues traces de prospérité et de bonheur.

rogation, à temps et même au-delà de son décès ,
car autrement la propriété ne seroit qu'un usufruit.
Cette disposition est le plus bel attribut de la
puissance paternelle. Le père de famille , après
avoir satisfait aux besoins de ses enfants , les
avoir dirigés chacun dans la carrière qui lui
étoit propre , balance leur bonheur ; son cœur
est le meilleur juge de leur mérite , de leurs
talents, de leur capacité , et de ce qui peut leur
convenir. Déjà, sur le retour de l'âge , après
avoir reçu de l'un d'eux les marques d'une ten-
dresse spéciale , l'avoir établi son digne rempla-
çant dans une administration qu'il ne pouvoit
plus suivre , et l'avoir vu , l'entourant de tous les
soins que sa vieillesse et ses infirmités sollicitoient,
contribuer activement au sort de ses frères et sœurs,
il croit ne pouvoir mieux faire que de lui déférer
ses propriétés principales qui fructifieront entre
ses mains , et qui , divisées , n'eussent produit
qu'un mauvais effet. Ses frères et sœurs accoutu-
més à regarder ce frère comme un second père ,
prospéreront sous ses auspices et parviendront à
obtenir ce que , isolés, et avec un partage divisé ,
ils n'auroient pu espérer. Leur attachement pour
leur auteur n'a pas été calculé sur une portion
plus ou moins grande de ses biens ; convaincus que
la nature et l'éducation n'avoient rien fait d'égal
parmi eux , ils applaudissent avec respect à ses
dernières dispositions qui ont récompensé l'objet

digne de ses affections. D'autres considérations peuvent conduire aux mêmes fins. Le père de famille, parvenu dans la société à une existence distinguée, veut perpétuer l'influence qu'il a obtenue, et désire que ses dignités, comme ses établissements, soient conservés. A cet effet, il choisit celui de ses enfants qui réunit le plus de mérite et de vertus, soigne son éducation, forme son cœur, dirige ses sentiments, et lui transmet avec ses charges des biens capables d'en soutenir le poids. Certain des heureuses dispositions de ce fils chéri, il ne doute pas que sa maison ne devienne l'asile des parents infortunés, le refuge de l'indigent et de celui que le sort aura accablé de ses revers : il distribue à ses autres enfants, à l'éducation desquels il a également présidé, des apportionnements convenables à leurs dispositions, et meurt dans l'idée d'avoir réalisé le bonheur de toute sa famille (*).

C'est surtout comme grand propriétaire et grand agronome qu'il existe en quelque sorte dans l'avenir. Ses assolements seront conservés, ses nouveaux systèmes protégés; ses jachères détruites

---

(*) Le père de famille, soit qu'il ait reçu sa fortune de ses ancêtres, soit qu'il en ait été l'auteur, peut en propriétaire légitime, en disposer en faveur de celui de ses enfants qui, par sa piété filiale, ses mérites et ses vertus s'en sera rendu digne, et ce sans blesser les droits de la nature, ni ceux des lois, d'après la faculté qu'elles lui en laissent et qu'elles peuvent lui accorder.

ne reparoîtront plus, ses prairies artificielles seront maintenues, ses haras entretenus, sa race bovine augmentée, ses troupeaux multipliës et son nom continuera d'être prononcé avec honneur. Quelle consolation n'éprouve-t-il pas en mourant de savoir que tout ce qu'il a créé sera stable, et que tous ses travaux seront révérés. Il en bénit la Providence, adore ses décrets, et n'aspire plus qu'à la céleste Sion.

Long-temps les pères, par suite du dérespect porté aux propriétés, ne purent disposer de leurs biens. Les décrets des 15 mars 1790 et 15 avril 1791 proclamèrent l'égalité des partages sans restriction; la loi du 6 janvier 1794 ne permit que la disposition d'un dixième de ses biens; et celle du 25 mars 1800 n'accorda que la faculté de disposer d'une portion de bien réduite sur le nombre d'enfants. Le Code civil a présenté certaines modifications à cet état de choses, qui, rectifiées par l'adoption de quelques principes de notre ancien droit, rétabliront la puissance paternelle sur des bases inébranlables, et consolideront l'ordre et la paix dans les familles.

La conservation et la réunion des grandes propriétés, si utiles à l'économie rurale, seroient le premier bienfait de ce rétablissement. Le morcellement des terres qui lui est le plus nuisible, et qui en faisant passer des fractions de fortune dans des mains étrangères, détruit l'attachement des

sujets pour l'État, disparoîtroit(*). Ce morcellement
peut convenir à une république qui tend à de petits
intérêts multipliés, et à une constante division ;
mais il ne doit point appartenir à une monarchie où le système politique ne peut être fortifié
que par une classe nombreuse de grands propriétaires. Le chef des agronomes anglais parcourant,
en 1789, la France, soutenoit que les propriétés
en étoient déjà trop divisées; comment s'expli que-
roit-il en ce moment, où l'égalité des partages,
la vente des biens du clergé, ceux du Roi, des
émigrés et des communes a divisé tous ces beaux
domaines, toutes ces belles propriétés réunies,
qui offroient un si vaste cours aux spéculations
agricoles, et étoient la source de la prospérité
publique? Quel spectacle présentent en effet ces
divisions subites de terres, ces fractions de propriétés ? Plus de cultures en grand, plus de baux
à longs termes ; toutes idées d'amélioration détruites ; des entraves multipliées ; des servitudes
en tous genres faisant naître des procès intermi-
nables ; tout ce que le goût avoit créé en grande

(*) Le morcellement des terres ne permet pas l'usage des
bons instruments aratoires ; ce n'est qu'à force de bras, et avec
des dépenses qui surpassent souvent la récolte, que l'on peut
obtenir des fractions de propriétés de légers revenus; il n'est
donc pas étonnant que leurs possesseurs s'en détachent facilement.

partie détruit; de belles fermes remplacées par des chaumières; les plus beaux établissements en tout genre presque ruinés de fond en comble; l'œil est attristé, le cœur navré de douleur à cet aspect; et au milieu des regrets les plus profonds, l'homme vraiment attaché à sa nation cherche des remèdes à cet état de choses et un pont de secours. De premiers fondements en sont jetés, et reposent sur la création de la pairie, des majorats, des substitutions, l'indemnité accordée aux émigrés (*), et surtout sur le zèle d'une foule de propriétaires qui se sont empressés de développer avec succès les nouvelles théories d'agriculture.

La réunion des grandes propriétés ramènera l'attachement pour l'agronomie, et donnera des bras à la culture, en faisant cesser l'agitation qui a porté le trouble dans beaucoup de familles, en changeant les conditions. Nos plus grands rois appréciant les avantages d'un art si utile, l'ont honoré de leur protection. Charlemagne au milieu de ses conquêtes nous a laissé un capitulaire sur l'agriculture qu'il considéroit comme devant tendre

---

(*) J'ai été témoin, en 1814, de l'assurance de cette indemnité donnée par Louis XVIII aux émigrés dont il avoit bien voulu alors s'entourer. Elle a été commandée par la conscience si religieuse de CHARLES X avant son sacre. Quoique je n'y aie aucun droit, n'ayant perdu que des actions mobilières, je n'en ai pas moins applaudi avec tous les bons Français à une aussi juste mesure.

à la prospérité de ses sujets ; Saint Louis , ainsi que François premier, nous ont rapporté des Croisades et du théâtre de leurs champs de batailles, des plantes étrangères très-précieuses qui se sont multipliées avec fruit parmi nous ; Henri IV ne soupiroit qu'après la félicité de son peuple et surtout de ses bons et chers laboureurs; Louis XIV, Louis XV et Louis XVI ont vu naître et ont protégé de célèbres agriculteurs et leurs ouvrages. Louis XVIII a donné un grand développement aux sciences agricoles, et de grands encouragements à l'illustre société de la Seine; enfin CHARLES X vient de créer des fermes-modèles , et de faire des fonds pour des bourses nombreuses , destinées à des élèves en tout genre. C'est ainsi que nos souverains , en perpétuant leurs bienfaits , perpétuent la reconnoissance. L'Espagne bénit la mémoire de Dom Pèdre IV de Castille , et l'Angleterre celle d'Édouard IV , parce que ces deux peuples ont reçu de ces princes les beaux troupeaux qui font leur richesse principale. Nous bénirons à notre tour et nos derniers neveux béniront la mémoire de notre auguste Monarque qui aura si puissamment contribué à l'amélioration de l'agriculture. Espérons qu'à l'imitation de sa Majesté , nos conseils généraux créeront des fermes - modèles dans nos départements , et encourageront , par toutes les voies possibles, la plus belle, la plus noble et la plus utile de toutes les professions (*). C'est en la vénérant et en la protégeant que l'on resserrera les liens des familles. Le soc honoré par le chef le sera par ses descendants, la culture intéresse, attache; on finit par aimer ce que nos ancêtres ont chéri. On cultive avec des jouissances réelles l'héritage de ses pères; on cherche à suivre et à perfectionner leurs travaux. L'on parvient ainsi à faire le bien, à déterminer, par d'heureuses découvertes et de bonnes entreprises, ses concitoyens à nous imiter, et on les conduit par degrés à l'aisance et à la fortune. Les passions se taisent au milieu des champs, les vertus naissent; avec elles la douce paix et l'harmonie qui amènent le règne de la morale et de la religion, et fixent invariablement dans tous les cœurs l'amour du Prince et de la Patrie.

(*) Les Conseils généraux distribuent l'impôt et vôtent quelques centimes facultatifs; lorsque créés par les colléges électoraux de départements, pris dans leur sein et nommés par le Roi sur des listes triples, ils jouiront d'un plus grand pouvoir, les administrés en ressentiront l'influence.

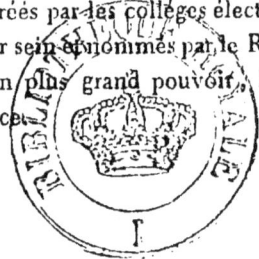

FIN.

www.ingramcontent.com/pod-product-compliance
Lightning Source LLC
Chambersburg PA
CBHW032309210326
41520CB00047B/2357